超有趣的云科学

⑤ 云朵好好玩

[日] 荒木健太郎 ◎著

宋乔 杨秀艳 ◎译

中国纺织出版社有限公司

测一测你的
爱云技术等级

0级
看见过云

1级
曾经有过腾云驾雾的想法

2级
拍过云的照片，并在社交网络上分享

3级
知道三种以上云的名称

4级
拥有这套《超有趣的云科学》

5级
能够利用雷达图知道何时下雨，从而不被雨淋

6级
能够预测大气光学现象，并亲眼验证

7级
用肉眼对云质粒的种类进行大致判断

8级
预测云的出现，并开始追寻它们

9级
分享对云的热爱，改变其他人的生活

10级
生命中不能没有云

3

前言

　　曾经听到有人说"小时候经常仰望天空，现在都不留意看了"，可能很多人都有这样的感慨吧。大家还记得盛夏的感觉吗？蔚蓝的天空飘浮着大团大团的云朵，这一壮观景象让人真切地感受到夏天的热情。大家想必也见过，猛烈雷雨过后出现的让人心醉的美丽彩虹吧。

　　如果我们抬头仰望，几乎每天都能看到云朵，云作为大自然的一部分，一直都在我们身边。或许，很多朋友在竞争激烈的社会中拼搏，学生们忙于学业，成年人忙于工作，大家很少有机会再去仰望天空。我创作《超有趣的云科学》这套书的目的就是给这些朋友提供一个机会，让大家尽情享受仰望天空的乐趣。此外，对于那些平时留意观看天空、喜欢在社交网络上发布云和天空照片的朋友，我还会分享一些技巧，让大家能够遇到自己喜欢的云朵，享受更多观云乐趣。

刚开始我以"爱云的技术"为题目做讲座的时候，参加讲座的气象"发烧友"提问道："爱云还有技术吗？"是的，爱云也是有技术的。当然，即便没有这种"爱云的技术"，也可以很好地享受观云的乐趣。你可以尽情地想象乘坐"筋斗云"在天空遨游，可以惊叹于停留在山顶附近的长得像不明飞行物的奇怪云彩，你还可以和三两好友谈笑风生，望着云朵露出开心的笑容。然而，你要是学会了爱云的技术，你对云的爱会变得更加深沉。

　　现在我是一名专门研究云的"云彩研究者"，但是我之前并没有非常喜欢云。在写前一本书《云中发生了什么事》的时候，我第一次思考应如何描述云朵的"内心"，才算真正开始认识云。从那时起，云不再是单纯的研究对象，它们变得栩栩如生，开始跟我聊天，而我的世界也从此大不相同。我领悟到，只要主动去了解云，倾听云的声音并解读它的内心，我们就可以和云进行沟通，并爱上云。可以说，"越是相知，越是相爱"。我写这套书就是想和爱云爱得无法自拔的广大云友们分享，加深大家对云的喜爱，并把这种喜爱传播开来。

　　这套《超有趣的云科学》共分为5册，向所有爱云的小朋友和大朋友讲述关于云朵你需要知道的那些事。

在《超有趣的云科学 ①云从哪里来》里，你能学到和云相关的基本知识，初步认识怎样的大气条件下能产生云。

在《超有趣的云科学 ②这是什么云》里，你能学到世界各国气象机构统一使用的云朵名字和分类方法。这样，你就能认识遇到的云朵小朋友的名字了。

在《超有趣的云科学 ③天空大揭秘》里，你能看到更多美丽的云和天空现象，例如彩虹、宝光、月晕、曙暮光条等，还能学习它们背后的科学原理。

在《超有趣的云科学 ④云的超能力》里，你能认识云朵的更多用途。有的云能带来灾难，有的云能帮你躲避危险。

在《超有趣的云科学 ⑤云朵好好玩》里，你能学到各种各样的科学实验和游戏，供你和云朵小朋友一起玩耍，加深你们之间的友谊。

这套书大部分的内容讲解都配有照片和图解，所以你拿到书之后可以大致翻翻，从感兴趣的部分开始阅读。当你读着读着，觉得有些晦涩难懂的时候，不妨先去看看第 5 册放松一下。

如果通过本书，大家能够更好地和云相处，例如能更加了解云，能看到美丽的云和天空，能和带来恶劣天气的云保持适当的距离，那么我就心满意足了。

我把爱云技术水平分为从 0 到 10 的不同等级（读到这里的朋友，恭喜你，你已经达到 4 级水平了），尽管这个分级标准有一定的主观性，但还是建议大家在阅读正文之前先测试一下自己的等级，等到看完这套书、和云打过一段时间的交道之后，再来检查一下，看看水平提高了多少。

　　我还收集了映衬在蓝天下的白云（第 1 册卷尾）、色彩缤纷的虹彩云以及红彤彤的火烧云（第 5 册卷尾），也请大家欣赏一下这些能带来好心情的云朵。

　　我梦想着世间能够充满对云的热爱——有趣的云和天空可以让街上的行人停下脚步，让小朋友奔向不一样的大自然，云友们可以尽情抒发自己对云的喜爱。为此，我诚挚地希望借助此书，给云友们送上一个充实的爱云生活。

荒木健太郎

目 录

3 我们都是云朵爱好者

1

超有趣
云视觉游戏

和云朵一起玩耍

要想加深对云的了解，平时就要和云多多交流。所以，这里先介绍和云一起做游戏的方法。说是做游戏，可云是飘浮在空中的，没法手拉手玩耍。但有的云还是可以一起玩的。其中之一就是层云。

层云接近地面就成为雾，所以在有雾的时候进入雾中，虽然是站在地面上，但和进入云中是一样的。云中湿气非常大，因为云滴的**数密度**高，视线很差——飞机在云中飞行时，从飞机中向窗外看也是一样的情况。试着在云中做深呼吸吧。每次呼吸时，大量的云滴进入体内，我们就可以与云成为一

云朵小知识

数密度，指单位体积内某种物质或粒子的数量。

体。层云是老实憨厚的云，可以让我们心情平和。心里发慌的时候，推荐在云中做一做深呼吸。但是，城市中的雾有时是以硫酸盐粒子作为云凝结核，所以最好是到空气清新区域的雾中畅快地呼吸。

在出现**浓雾**时，可以形成白虹、宝光（布罗肯现象）。在浓雾中，先打开汽车的前灯射出远光，再背对着车头向前方走几十米。这样一来，车灯变成光源，可以产生白虹、宝光（图1）。所以，在浓雾中停下车，花点心思看看周围的景色，是非常开心的事情！

图1　浓雾中形成的白虹和宝光

2016 年 11 月 20 日摄于日本茨城县筑波市

　　夏季晴朗的日子里，建议大家和晴天积云的影子赛跑（图2）。晴天积云的高度为几百米到两千米，它们随着下层风的流动在天空中奔跑。如果对手是淡积云或者中积云，它们的影子尺寸小，比较容易追赶。赛跑的时间段最好是正午之前，难度比较低；到了正午时分，气温一上升，有些地方就会有海风吹来，风力变大，云的影子奔跑速度会变得非常快。

参照气象数据自动采集系统中风的观测情况，辨别和云朵赛跑的难易度吧。如果风速是 3 米每秒（时速大约 11 千米），奔跑起来就能够追赶上；如果是 5 米每秒（时速 18 千米），速度就要和骑自行车差不多了。请务必做好热身运动之后再开始赛跑，而且最好选择开阔、安全的场地。全力奔跑，超过移动的云，那感觉棒极了。

别忘了，安全第一哦！

图2　晴天积云的影子

2016 年 7 月 31 日摄于日本茨城县牛久市

5

你的心情，云知道

天空是一面镜子，能映照出人的内心。有多少人仰望天空，就有多少种云的世界。因仰望时的心情不同，我们看到的世界也不同。心情愉快的时候，仰望晴空会让我们感觉更加舒畅；心情悲伤的时候，阴雨的天空仿佛在为我们流泪。

浮在空中的云随着大气的流动不断改变姿态，我们可以依据云的姿态想象出各种各样的画面。高空中相连的荚状云有时看上去像不明飞行物，有时会让人联想到龙的巢穴。在霞色天空中飘浮的云有时会向我们展现出神话中的凤凰和龙的形态（图3）。高积云、层积云扩展而成的横贯天空的曙暮光条（第3册图10）也会让人产生错觉，仿佛进到了画里。形状像动物的云也有很多，例如虹彩色小鸟一样的虹彩云等（图4）。

图 3　像凤凰的云　2016 年 9 月 1 日摄于日本茨城县筑波市

和家人、朋友、重要的人一起聊一聊飘浮在空中的云看上去像什么，并且悄悄地告诉他们那个云属于哪个类别吧。通过这样的交流，你对云的认识会更深。

　　从地面仰望天空时可以看到云，从太空中俯视地球时也可以欣赏云。来看看某一日的卫星可见光图像吧（图5）：海面上浮现出一张脸，仿佛在说："你明白了吗？"它到底想告诉我们什么呢？

图4　虹彩色的"小鸟"　　2017年7月13日摄于日本茨城县筑波市

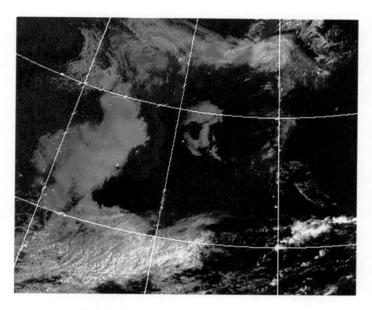

☁ 图 5 "你明白了吗？"

2014 年 4 月 9 日 9 点 "向日葵 7 号"所拍摄的可见光图像。日本气象厅网站供图

　　当看到像眼窝一样排列着的两个阴影以及其下方的阴影所构成的倒三角形时，我们会本能地认为这是人的脸，这被称为拟^{nǐ}像现象。另外，在可见光图像中可以看见这张脸，但是在红外线图像中却无法清楚地看到它。红外线图像具有这样一个特点，云顶高度高、温度低的云看上去比较白。由此可知，这张脸是在海上形成的层云或者海雾，其所在的海域下层大气是一种湿润且稳定的状态。

　　云和天空使我们的感情更加丰富。 聆听云的声音，读懂天空的心情，这让人很开心；即使什么都不想，单纯眺望欣赏云和天空也是极好的。如果发现形状有趣的云，赶快告诉对你来说很重要的人吧。

如何拍好一朵云

　　如果遇到天空美景，就会想拍成照片吧？我自己也经常在社交网站上发布霞色天空和虹彩云的照片。经常有人问我，照片是用特殊相机拍摄的吗，其实这些照片全部是用智能手机或者小型数码相机拍摄的。虹彩云大多出现在离太阳10度视角之内，所以虹彩云在天空上的尺寸比较小（第3册第2章）。如果用小型数码相机以30—40倍率只拍摄虹彩色的一部分，就能够拍摄到像本书卷尾那样美丽的虹彩云。

　　虹彩云也可以用智能手机拍摄。不管是智能手机还是小型数码相机，如果太阳光直射照相机镜头，照片就会变得白花花一片，无法清楚地看到虹彩色。因此，要想拍摄积云和高积云中的虹彩云，最好是等到太阳被云的较厚部分遮挡的时候，这是清楚地看到虹彩色的最佳时机（图6）。

　　此外，在没有中低云族遮挡阳光的时候，要想拍摄与卷积云相伴的虹彩云，可以用地面附近的任意景物挡住直射的太阳光，这样即使用智能手机也能够拍摄出明晰的虹彩色（图7）。如果把智能手机设置成减光的拍摄模式来拍摄太阳附近的云，之后调整参数，可能也会看到虹彩色显现出来。

图 6　用手机拍摄的虹彩云

2016 年 8 月 7 日摄于日本茨城县筑波市

图 7　用手机拍摄的仙女羽衣般的虹彩云

2016 年 1 月 3 日摄于日本茨城县筑波市

此外，裸眼直视太阳发出的强光会损伤眼睛，非常危险。在太阳出来时，还是戴上专业的太阳镜再观测云吧。市面上卖的普通太阳镜即使能够挡掉紫外线，也基本挡不住红外线，请勿必注意，**在追逐虹彩色时，先借助建筑物、电线杆等遮挡住太阳，再观察天空**。还需要注意的是，追逐虹彩色时容易进入忘我的状态，所以请**确认周围安全之后，再欣赏天空中的虹彩色**。

现在的智能手机都配有高性能的摄像头，都能够拍摄到各种各样的景象。用智能手机拍摄全景照片，还能够拍到整个彩虹（第 3 册图 16），阵风锋上的弧云也能被整个拍摄下来（第 4 册图 55）。用延时摄影可以将时间流逝的样子拍摄成快进视频。尤其是在夏季，只要将智能手机一直放置在窗边，就能观测到浓积云发展成积雨云的姿态，以及因热对流而产生并消散的积云的举动。

近年来，很多人想要拍摄那种"ins 风"的照片。这种时候，就好好观察飘浮在空中的一朵一朵的云吧。即使是平淡无奇的云和天空，如果将镜头对准它们的一部分，也会得到非常美丽的画面。

云朵小知识

在小红书、抖音、bilibili、新浪微博等平台，有大量中国的云爱好者分享着天空的云朵照片。

此外，我们还可以把自然景色和人造物体组合在一起，拍出创意十足的照片。例如，把夕阳与烟囱组合成蜡烛，也很不错吧（图 8）。将曙暮光时被染成霞色的云和变暗的天空以及街灯拍摄到一块儿，也能拍出如魔法世界一般

图 8 "晚霞蜡烛" 2017 年 3 月 10 日摄于日本茨城县筑波市

的景色（图 9）。另外，也建议大家出去走走，去景色绝美的观光地开阔眼界。试想一下，当你拍摄到一片云海，心情该是多么的畅快呀（图 10）。好好感受云和天空吧，遇到美丽的景色时就拍成照片珍藏起来。

图 9　魔法般的晚霞　2016 年 9 月 27 日摄于日本千叶县

图 10　云海

2016 年 11 月 12 日摄于日本长野县高法师高原，菅家优介供图

用卫星俯瞰云卷云舒

现在是一个便捷的时代，有些网络服务可以让人们几乎实时地看到由卫星观测的云。例如日本情报通信研究机构的"向日葵8号"实时网站，可以让你轻松地浏览日本气象厅提供的"向日葵8号"的可见光图像，还能够回溯到过去追踪云。

云朵小知识

中国的读者朋友们可以登录中央气象台官方网站查看卫星云图及更多气象信息。

"向日葵8号"是一颗在地球同步轨道上旋转的**静止气象卫星**，它每隔 10 分钟获取一张地球全圆盘图像，每隔 2.5 分钟观测一次日本附近及台风周边图像。就连地球上其他地方的天空也可以轻松地看到，如果在午夜——也就是新的一天即将开始的时候查看一下地球全圆盘图像，就能看到在地球圆盘的边缘染成霞色的美丽天空（图 11）。如果在太空观察地球一整天，也可以看到海面因反射了太阳光而闪光的样子（图 12）。

另外再推荐一个美国国家航空航天局（NASA）的世界视角（Worldview）网站。在这里，除了可以查阅 Terra、Aqua、Suomi NPP 等极轨卫星的可见光图像，还能够查到使用这些卫星数据制作的

图 11　染成霞色的天空

2017 年 8 月 25 日"向日葵 8 号"拍摄的可见光图像。
日本国立研究开发法人情报通信研究机构（NICT）供图

图 12　映照在海上的太阳光，神圣而庄严

2017 年 5 月 9 日向日葵 8 号拍摄的可见光图像。日本国立研究开发法
人情报通信研究机构（NICT）供图

各种信息图。这些都是通过地球的南北极并绕地球旋转的极轨卫星，因为它们在比"向日葵8号"低得多的高度上飞行并观测地球，所以图像分辨率很高，甚至能看到一朵一朵的云。它们一天两次在同一个地方的上空通过，可以在全世界的天空搜罗奇云。卫星数据可以制作出多种多样的有趣信息图，例如标有山火和热源的位置（第3册图58）、积雪覆盖率、气溶胶颗粒的数量的图。

使用世界视角网站，能够与全世界的云做游戏。这是件有意思的事情，比如每天在世界上某处都能找到伴随着气旋的巨大的云的涡旋，在智利附近的海上基本总会有海洋性的层积云（第4册图30）。位于非洲大陆西北沿岸附近的加纳利群岛是观看卡门涡街的好地方，在这里云经常会将涡街可视化（图13）。此外，还能看到在海上叠加了几层的波状云（图14）、浮冰、沙尘暴、海上的植物性浮游生物大量繁殖等让人开心的有趣场景。因为世界视角网站可以追溯回去、浏览过去的图像，你还可以调取过去某一天的天空模样，多神奇啊。

从地面上看云很棒，而从太空观看大气和云的流动也别有一番风味。尤其是水汽图，在水汽图中，大气中高层水蒸气较多的部分显得很白，不仅是台风和气旋，连冷涡等也能被可视化。当你感觉疲惫的时候，看一看滚动的卫星水汽图动画吧，让身体随着水汽的流动而放松，你会感觉身心舒畅的。也许俯瞰一下地球上的云卷云舒，你就会感觉好多了。

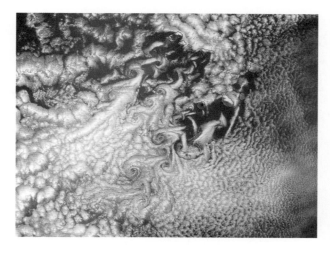

☁ **图 13　加纳利群岛的卡门涡街**

2016 年 5 月 18 日 Terra 卫星拍摄的可见光图像。图像来自 NASA EOSDIS Worldview 网站

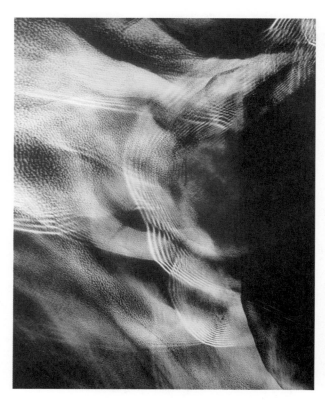

☁ **图 14　将大气重力波可视化的云**

2016 年 6 月 26 日 Terra 卫星拍摄的可见光图像。图像来自 NASA EOSDIS Worldview 网站

2

超迷人
云科学实验

身边的云物理现象

　　我们的生活中存在着各种各样与云科学相关的物理现象。虽说是很常见、平时就看过的事情，但是你只要再多加留意一次，一定就会爱上它们。下面就跟我一起利用身边的云科学做游戏吧。

　　首先，利用云物理知识做游戏吧。在冬季寒冷的日子里，窗户上会结露，如果仔细看的话，其实是很多的小水滴（图15）。窗户外的气温低，因此，窗玻璃本身的温度也下降，与窗玻璃相接触的内侧空气因为被吸收了热量，所以温度下降。于是，窗玻璃内侧附近的空气变得接近于水饱和，以窗玻璃表面作为核心形成了水滴，水滴吸收水蒸气而凝结生长。水滴变大沿着窗玻璃落下时，与其他的水滴碰撞、碰并增长而变得更大。这样一来，在结露的窗户上就能窥见在水云（全是由液态水构成的云）内的雨滴的形成过程。

　　此外，吃冰棒也能看到有意思的现象（图16）。如果从包装袋里取出冰棒后不马上吃而是先观察一下它，就会看到有一股像烟一样的、向下运动的水汽，这和热汤的情况完全不同。这是冰棒表面的空气被冷却、发生云成核而产生的云滴。被冷却的空气因为变得比周围的空气重所以下沉，所产生的云滴将这个流动可视化了。然而，被冷却的空气与周围的空气混合后变得不饱和，云滴蒸发又变

☁ 图 15　结露游戏

☁ 图 16　冰的表面凝华生长的霜晶体

得看不见了。

如果继续观察一会儿，冰棒的表面会变得发白。仔细看，这个发白的东西是霜晶体在生长。有的时候，冰棒在从包装袋取出之前也会生成较大的霜晶体，然而从包装袋取出之后，冰棒与湿润的空气相接触的表面上较小的霜晶体就会开始凝华生长。直到冰棒表面的温度上升、开始融化之前，你可以好好欣赏这种霜晶体与冰云的云物理现象。

不过，如果观察霜晶体时太着迷，冰棒融化了会弄脏衣服和地板，所以欣赏一小会儿就好啦。多有趣呀，一根冰棒，能以多种形式"品尝"呢。

此外，冬天寒冷的日子里，还能欣赏到白色的哈气和热咖啡的热气的云成核现象。夏天炎热的日子里，如果出了汗，一滴汗就会和另一滴汗发生碰撞、碰并增长，如果此时再吹一下电风扇，就会感觉到汗的蒸发和潜热吸收过程。

在我们周围有很多与云物理有关的现象，这种例子举不胜举。

观测亮晶晶的雪晶

如果下雪了，玩点什么呢？堆雪人、挖雪洞、打雪仗，有各种各样的玩法。还有一种玩法，待下雪时玩一玩，可以使大脑中产生很多带来幸福感的物质（如多巴胺、内啡肽^{ān fēi tài}等），那就是雪晶观测。

一说到雪晶，大家可能会想到你很熟悉的那种树枝状晶体，而事实上，如果好好看飘落的雪花，就能用肉眼看到雪花呈现出的各种各样的形状。在海边城市经常会降下霰^{xiàn}，它落到伞上发出吧唧吧唧的声音，如果仔细观察，就会发现上面附着了很多云滴。如果将智能手机摄像头的变焦调到最大后再拍特写，就能够拍摄到雪晶。此外，如果使用智能手机专用微距镜头，

云朵小知识

霰是空气中降落的小冰粒，是由白色不透明的球形或锥形的颗粒组成的固态降水。

则能够拍摄到更为清晰的雪晶图像（图17左上）。另外，你可以用手机把雪晶融化的样子拍成视频。融化的雪晶变成水滴的瞬间，受到表面张力的影响，逐渐变成圆整的球形，这个形态很短暂也很可爱。

采用微距镜头进行雪晶观测稍微需要点技巧。首先，下雪时地面温度接近0摄氏度，所以落下的雪会马上融化。因此，需要事先

● 图 17　各种冰晶

左上：雪晶；右上：霜晶体；左下：冻结水滴和霜晶体；右下：融化的冻结水滴。全部拍摄于日本
茨城县筑波市

将黑色、蓝色等深色的底板拿到外面冷却，如果用该底板接住了雪晶，就赶紧麻利地拍下来吧，用深色的底板做衬托，能够清楚地看到雪晶的轮廓，拍摄出清晰的雪晶照片。底板几乎可以用任何东西来充当，即便是具有防水性的雨伞等物品也没问题。另外，手机专用微距镜头的倍率大约是 10 倍，将微距镜头安装到智能手机上，对焦的时候与拍摄对象相距几厘米的距离就足够了。但是手稍微一抖就容易失焦，所以一直连拍才是关键。当然还有一种方法，就是用视频模式拍摄之后再提取出静帧。

对照雪晶分类表（第 1 册图 15），看看你拍摄到的是哪一种雪晶吧。通过雪晶的晶癖和小林图表（第 1 册图 17），可以判断出来该雪晶生长成云的环境温度、水蒸气含量的多少；通过确认云滴的附着程度，可以想象到引起降雪的云内有多少过冷却云滴。这样一来，**每个人都可以收到天空送来的信，可以想象到信的内容。**

如果是降雪不多的城市，可以欣赏尺寸和雪晶差不多的霜晶体。冬季，几乎每天早上地面附近都会有很多霜晶体（图 17 右上），它们的形状多种多样，包括鳞(lín)状、针状、羽毛状、扇形等。如果用微距镜头拍摄霜晶体，还会发现某些晶体具有骸(hái)晶结构。

在尖叶子的顶端，由于植物的生命活动会产生水滴，水滴发生冻结就形成了冻结水滴（图 17 左下）。冻结水滴的表面有时会出现与二十面体冰晶相似的纹理，呈现出非常可爱的姿态。一般在快要日出的时候可以看到这种霜晶体和冻结水滴，当朝阳照射时，霜晶体和冻结水滴会马上融化。

融化的过程中，冻结水滴的内部会产生气泡，因此被分光的朝阳会产生美丽的彩虹色光芒（图17右下）。这时候，霜晶体们也一起闪着光芒逐渐融化。我将晶体们这种闪着光芒消失的梦幻时间称为"灰姑娘时刻"。

记得将拍摄的雪晶和霜晶体发布到网上，和大家一起欣赏吧。虽然结霜的季节仅限于冬季，但如果是冰棒表面生长出的霜晶体，任何季节都能看到。此外，即使冬天结束了，在早晨，地面附近也会出现很多晨露的水滴。使用微距镜头，也可以将这些晨露拍得清晰且漂亮。

让我们一边了解微观世界，一边掌握使用微距镜头拍摄照片的技巧，为冬天观测雪晶做好准备吧。

自制绚丽的彩虹

　　除了悬挂在雨后天空中的彩虹，我们的生活中还有很多彩虹色，其中之一就是在自行车停放场经常可见的彩虹色（图18），这是太阳光照射到自行车上的反光板，然后发生分光而产生的现象。

　　将塑料瓶放置在太阳光照射的地方，塑料瓶本身也会变成棱镜，形成彩虹色（图19）。如果往塑料瓶里装水制作彩虹色，那么光线会像小的极光一样摇摆，十分美丽。但是，如果附近有纸张等容易燃烧的东西，可能会引发火灾，所以用塑料瓶做彩虹游戏时，不要忘记收拾好场地哦。

　　另外，喷泉也是看彩虹的好地方（图20）。喷泉的彩虹和雨后天空中出现的彩虹原理相同，但是它不像下雨一样时间和空间有很剧烈的变化，所以喷泉的彩虹较容易观测。如果在公园等地发现喷泉，就寻找一个背对太阳看喷泉的位置吧。根据喷泉的大小和观看位置的不同，有时不仅能显示出主虹，副虹也能完全地展现出来。

　　我们还能自己制作彩虹。使用将水喷洒成雾状的软管，背对着太阳洒水，就能很简单地制作出彩虹。如果再站在稍微高一点的地方洒水，就能制作出平常无法看到的360度的主虹和副虹，好好欣赏吧（图21）。如果要拍好360度的彩虹，推荐使用鱼眼镜头。

用以上这些方法能够欣赏到各种各样的彩虹色。当然，自然界悬挂在雨后天空的彩虹更是一道不可替代的美景。

不要错过任何机会，好好欣赏彩虹的美吧。

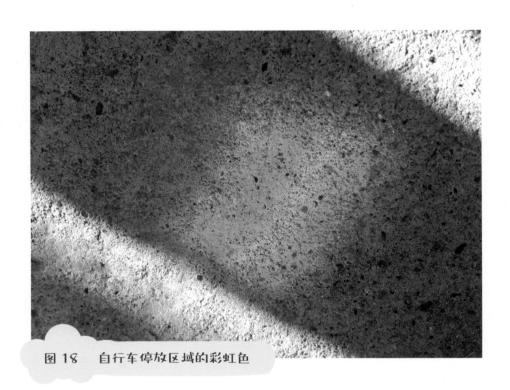

图18　自行车停放区域的彩虹色

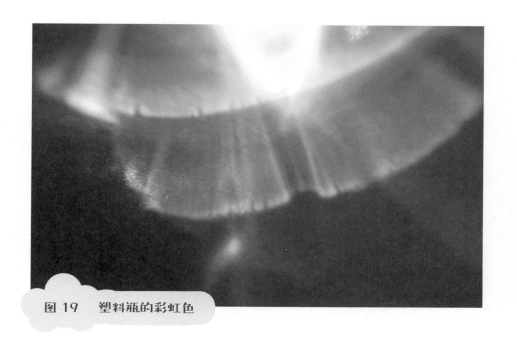

图 19　塑料瓶的彩虹色

图 20　喷泉里出现的彩虹

2017 年 4 月 23 日摄于日本茨城县常陆那珂市

图 21 　用软管的水制作主虹和副虹　绫塚祐二供图

奇妙的流体和涡旋

云可以将大气流动可视化，除此以外，其他的流动也可以实现可视化。接下来，我们就玩一玩流体游戏吧。

首先是下雨天的流体游戏。雨天的时候，有些朋友看乌云覆盖天空，无法享受到雨天的乐趣，那么你不妨低下头，看看落在水面上的雨滴吧（图22）。水面上，很多雨滴不断落下而产生波纹，这种波纹与大气重力波一样，是一种受到重力驱动而产生的波动。无论是用智能手机还是用数码相机，对着水面附近进行连拍，就能够拍摄到雨滴落到水面后又溅起来的样子。大量的雨滴倾盆而降时，雨滴引起的水面波动产生多层重叠，在水面发生干涉，这让我想起流体的节律。

流体游戏的经典节目是热汤里出现的热对流。碗里热气腾腾的汤的上层与大气接触而被冷却，从而在垂直方向上形成温度梯度，产生近似于细胞对流的上升气流和下降气流（图23）。热汤使这种流动可视化，碗中的世界让人欣赏到高度动态的流动。总之，如果想观察热对流，就在汤变冷之前欣赏吧。

在水管下、浴缸里也可以欣赏到流体的游戏。水管中的水以一定强度流出，如果此时把手指插入流动的水中，就能够感受到云内

☁ 图 22　雨天水面的波纹

☁ 图 23　热汤的对流

的降水粒子受到下降气流拖拽（载入效应）而加速下降的感觉。进入装有热水的浴缸中时，因手尖和脚尖的动作而产生的重力波在浴盆中发生干涉，形成驻波，观察这种现象也让人很开心。但是，需要注意不要玩过头导致水太满而溢出来。

咖啡杯中的涡旋也是每个涡旋爱好者的必修课（图24）。首先，把热水倒入盛有黑咖啡的杯子里，用勺子制作涡旋。这时，无论是顺时针方向还是逆时针方向都可以，转动勺子，使咖啡流动。此时往杯子内的涡旋中慢慢地倒入牛奶，牛奶就会使杯子里的流动可视化。如果往杯子的侧壁附近倒牛奶，则由于杯子中央和侧壁附近的流动速度不同，导致水平切变不稳定，形成涡街。杯子内的涡旋很

☁ 图 24　咖啡杯中的涡旋

复杂，能够欣赏到多种多样的涡旋纹路。往冰咖啡中倒入牛奶时，由于咖啡和牛奶之间存在密度差，使得它的流动像下击暴流一样，这个流动是可视化的，也推荐大家试一试。

在风很大的日子里，落叶有时可以让地表的涡旋可视化，涡旋爱好者总想进入这种涡旋中玩耍。花朵飘落的时候也一样，涡旋可以通过花瓣可视化（图25）。在建筑物的阴影处产生的涡旋一般比较稳定，人们比较容易进入涡旋中。但在开放的场所形成的涡旋，其移动速度通常比较快，人进入涡旋中的难度很高。通过这种涡旋游戏，我们不仅能欣赏涡旋，还能额外欣赏纷飞的花瓣，因此非常推荐大家尝试。

受过训练的涡旋爱好者还能通过简单的实验制作出卡门涡街来玩（图26）。在托盘中装上大约1厘米深的水，慢慢地向水中加入墨汁，再将一次性筷子放进墨汁部分然后直线移动，就能产生明晰漂亮的卡门涡街。

欣赏涡旋的方法有很多，如果你喜欢涡旋就赶紧试试看吧。

☁ 图 25 通过落花可视化的涡旋

涡旋运动得太快，进入其中相当困难。2016 年 4 月 15 日摄于日本茨城县筑波市

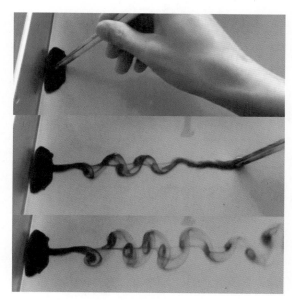

☁ 图 26 卡门涡街游戏

佐佐木恭子供图

3

我们都是
云朵爱好者

看云识天气

常言道，"观天象，知风雨"，我们可以通过观察云和天空来预测天气。很久以前，在没有天气预报技术的时候，人们通过实践总结出这种方法并且代代相传。不仅能看云识天气，还可以通过观察动植物的行为和状态来预测天气。

利用云和天空来进行天气预测是有科学依据的，这种事例很多。典型的例子是 22 度晕，对此有一则谚语"日月有晕则雨"（第 2 册图 19—22），准确地说，晕出现之后，云逐渐变得厚起来，这种情况下降雨的可能性变高了。这是因为晕是伴随着卷层云产生的，如果温带气旋从西面逼近，卷层云就会覆盖天空，然后向高层云和带来降雨的雨层云转化（第 4 册图 80）。但是，卷层云也可能是温带气旋以外的因素引起的，所以，并不是说只要出现晕，天气就必然变差。反过来说，如果想遇到晕，只要查看天气预报中是否有气旋到来就可以了。

利用山帽云，也可以预测风雨（第 4 册第 1 章）。在动画片《樱桃小丸子》中，大家也通过学校的授课来学习利用富士山山帽云判断天气。值得一提的是，山帽云和荚^{jiá}状云的存在还意味着高空的风很大，对于登山的人来说这可是不能忽视的信号。

此外，利用积雨云识别天气非常重要。幞(fú)状云、密卷云、滩(tān)云、悬球云、弧云、超级单体雷暴特有的云以及管状云，向我们传达了局地大雨、落雷、龙卷风及阵风、降雹(báo)等危险正在迫近。为什么说积雨云的观天望气很重要？那是因为即使是现在的技术也不能准确地预测积雨云。不稳定的大气状态可以进行一定程度的预测，但是积雨云却很难在它产生前进行精确预测。**利用积雨云判断天气是可能会关系到我们生命安危的重要技术。**

当我们对以积雨云为首的云更加了解时，就会懂得要与某些云保持恰到好处的距离。学会聆听云的声音、感受云的内心，你也能够解读天气的变化。

 气象谚语知多少？

中国有无数气象谚语，它们都是民族智慧的结晶，赶紧背诵起来吧。

- 泥鳅跳，风雨到。
- 露水闪，来日晴。
- 夜星繁，大晴天。
- 瓦块云，晒死人。
- 昼雾阴，夜雾晴。
- 直雷雨小，横雷雨大。
- 月晕而风，日晕则雨。
- 蜜蜂迟归，雨来风吹。
- 乌龙打坝，不阴就下。

- 朝霞不出门，晚霞行千里。
- 日晕三更雨，月晕午时风。
- 乌云脚底白，定有大雨来。
- 鸡儿上架早，明日天气好。
- 蜜蜂采花忙，短期有雨降。
- 天早云下山，饭后天大晴。
- 天有铁砧云，地下雨淋淋。
- 久雨刮南风，天气将转晴。
- 天上鱼鳞斑，晒谷不用翻。

善用气象信息

随着科技的进步，许多曾经使用的气象名称变得不再准确，本应进行更改；可无奈的是，人们对它的印象根深蒂固，总是停留在一些已经过时的气象认知上。

"游击式暴雨"一词就是一个例子。在观测网不丰富的 20 世纪 70 年代，人们开始使用这个词代指很难实时观测的大雨。可在实时观测和地面观测网丰富起来的现在，游击式暴雨的意思发生了变化，成了"很难预测的大雨"。但实际情况是，现在被称为"游击式暴雨"的雨其实都可以被预测，或者仅仅只是一场不会导致灾害的普通阵雨。

很多气象工作者不由自主地嫌弃"游击式暴雨"这个词。我以前在地方电视台的现场做预报时，也总是对局地大雨发生前的预测感到头疼。我曾有过这样的经历，在某个大气状态不稳定的日子，我在那样时刻变化的大气状态中拼命分析，终于在局地大雨发生前发出了准确可靠的大雨警报，但是在那一天傍晚的电视节目中却被报道成游击式暴雨，让人怒上心头。我想，大多数不喜欢这个词的人是因为他们体验到了明明能预测降雨却被模糊成"游击式暴雨"的不协调感。

但问题是，即便事先发布了局地大雨预报，对于没有看到该信息的人来说，冷不防突然下起来的大雨就成了"游击式暴雨"。就算能预测出该气象信息，但是因为信息种类繁杂，表达方式各不相同，也会造成普通大众的困惑。而且在气象信息和雷电预警信息中，即便能事先预报局地大雨的可能性，在当前的情况下也只能做到县级范围内的预报，并不能把时间和地点都预测得十分精确。说起来，用现有的技术正确预测精准位置还很难。这也是一件很悲伤的事。

我根据自己以前在预报现场工作的经验以及现在从事云研究的立场，理解气象工作者们说出"不要使用'游击式暴雨'这个词"这种强硬的言论并不是因为自负。不管怎样，随便乱用"游击式"是不负责任的，那么如何让"游击式暴雨"这种已不再适用的词语逐渐淡出人们视野呢？答案是，我们不仅要钻研如何提高天气预测技术，还要努力让更多对气象没有兴趣的人了解和使用气象信息。

如果在看到局地大雨预报的气象信息基础上，再熟练使用实时的雷达信息，那么即便是大家称为"游击式暴雨"的雨，对你来说可能也只是一场阵雨而已了（图27）。

但是，如果你原本对气象就不感兴趣，也不会使用气象信息和雷达信息，那么"游击式暴雨"也好，其他气象灾害也罢，都不会引起你的重视。用来打破这种现状的一个途径，就是阅读和推广这套书啦。

图 27　使用雷达信息去蹲守并连拍到的局地大雨

2015 年 6 月 23 日摄于日本茨城县筑波市

最好的"云朵大使"

是不是有时候你的朋友、家人会一边喊着"好壮观""太棒了"，一边在使劲儿地拍摄天空的照片？你应该留意到他们拍摄的是什么了吧。他们开心地笑着，向你聊起天空中飘浮的云有多么可爱。

喜悦的心情需要传递。当你把这种心情告诉亲密的人时，他也会把这种心情告诉其他亲密的人。这样一来，就可以把喜悦之情扩散开来传达给更多人。

传达并扩散对云的喜爱之情，让更多人享受爱云的生活，成为我酝酿这套书的契机。如果你能掌握爱云的技术，不仅能够与美丽的云和天空相遇，还能够看云识

天气，以恰到好处的距离与导致天气恶化的云和平相处，保护自身安全（图28，图29）。

将对云的爱传达给重要的人吧，那同样也是对这个人生命的守护。

爱云的形式多种多样，有极力称赞云的姿态的爱，有在保持一定距离的地方拍摄云朵照片和视频的爱，有进入云中做深呼吸、将云滴吸入体内的爱，有用雷达观测云的爱，等等。可以说，有多少云友，就有多少种爱云的形式。

图28　这个积雨云一边向我们展示滩云，一边喊着"当心！"提醒我们有危险
2014 年 6 月 13 日摄于日本茨城县筑波市

图 29　不经意间的一片晴朗天空也让人欢喜

　　将对云的喜爱尽情地说出来，和朋友一起守护这份爱，并将这份爱传达给重要的人吧。

　　不只是面对面时的传达，还可以到各种社交网络平台去分享。云友遍布世界各地，读到这里的小伙伴都已经和我成为云友了。

2016 年 8 月 14 日摄于日本茨城县筑波市

　　让我们学习并传播云朵知识吧，这样既能随心所欲欣赏美丽的云和天空，也能在危险迫近时呼吁大家做好防范。希望每个小伙伴都能够成为"云朵大使"，与重要的人一起度过充实的爱云生活。

好美好美
虹彩云

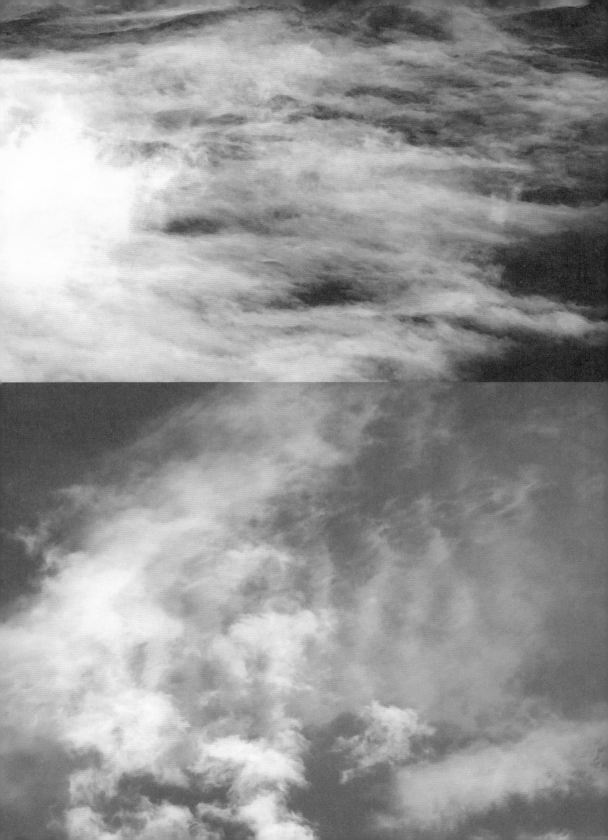

好美好美
火烧云

参考文献

- 荒木健太郎．雲の中では何が起こっているのか．ベレ出版，2014: 343.
- 荒木健太郎．局地的大雨と集中豪雨．豪雨のメカニズムと水害対策―降水の観測・予測から浸水対策、自然災害に強いまちづくりまで―，エヌ・ティー・エス，2017: 17–27.
- 小倉義光．一般気象学第2版補改版．東京大学出版会，2016: 320.
- 三隅良平．気象災害を科学する．ベレ出版，2014: 271.
- 西條敏美．授業　虹の科学：光の原理から人工虹のつくり方まで．太郎次郎社エディタス，2015: 157.
- 柴田清孝．光の気象学．朝倉書店，1999: 182.
- 大野久雄．雷雨とメソ気象．東京堂出版，2001: 309.
- 斉藤和雄，鈴木修．メソ気象の監視と予測 ―集中豪雨・竜巻災害を減らすために―．朝倉書店，2016: 160.
- 上野充，山口宗彦．図解・台風の科学．講談社，2012: 240.
- 筆保弘徳，伊藤耕介，山口宗彦．台風の正体．朝倉書店，184.
- Pruppacher and Klett. Microphysics of clouds and precipitation. Springer, 2nd Ed., 1996: 954.
- Cotton, Bryan, and van den Heever. Storm and cloud dynamics. Academic Press, 2nd Ed., 2010: 820.
- Markowski and Richardson. Mesoscale meteorology in midlatitudes. Wiley, 2010: 430.
- Tape. Atmospheric halos. American Geophysical Union, Antarctic Research Series, 1994: 144.
- Tape and Moilanen. Atmospheric halos and the search for angle x. American Geophysical Union, Special Publications, 2006: 238.
- 荒木健太郎ほか．地上マイクロ波放射計を用いた夏季中部山地における対流雲の発生環境場の解析．天気，64，2017: 19–36.
- 荒木健太郎．南岸低気圧．天気，63，2016: 707–709.
- Araki et al. Ground-based microwave radiometer variational analysis during no-rain and rain conditions. Scientific Online Letters on the Atmosphere, 11, 2015:108–112.

- Araki et al. Temporal variation of close-proximity soundings within a tornadic supercell environment. Scientific Online Letters on the Atmosphere, 10, 2014: 57-61.

- 荒木健太郎ほか. 2015 年 8 月 12 日につくば市で観測されたメソサイクロンに伴う Wall Cloud. 天気，62，2015: 953-957.

- Araki et al. The impact of 3-dimensional data assimilation using dense surface observations on a local heavy rainfall event. CAS/JSC WGNE Research Activities in Atmospheric and Oceanic Modelling, 45, 2015: 1.07-1.08.

- Araki and Murakami. Numerical simulation of heavy snowfall and the potential role of ice nuclei in cloud formation and precipitation development. CAS/JSC WGNE Research Activities in Atmospheric and Oceanic Modelling, 45, 2015: 4.03-4.04.

- 足立透. 宇宙機関側による超高層放電研究の新展開. 早稲田大学高等研究所紀要，5, 2012:5-26.

- Kikuchi et al.A global classification of snow crystals, ice crystals, and solid precipitation based on observations from middle latitudes to polar regions. Atmospheric Research, 132-133, 2013:460-472.

- Manda et al.Impacts of a warming marginal sea on torrential rainfall organized under the Asian summer monsoon. Scientific Reports, 4, 2014: 5741.

- Schultz et al.The mysteries of mammatus clouds: Observations and formation mechanisms. Journal of the Atmospheric Sciences, 63, 2006: 2409-2435.

- Suzuki et al.First imaging and identification of a noctilucent cloud from multiple sites in Hokkaido (43.244.4° N), Japan. Earth, Planets and Space, 68 , 2016: 182.

- Yamada et al.Response of tropical cyclone activity and structure to global warming in a high-resolution global nonhydrostatic model. Journal of Climate,30, 2017: 9703-9724.

- 山本真行. 高大連携最先端理科教育「高校生スプライト同時観測」の 6 年間. 高知工科大学紀要,7,2010:167-175.

　　每年，在世界的很多地方都会发生气象灾害，这些气象灾害在电视等媒体也被大幅地报道。可是在对受灾民众进行采访时，依旧经常听到这样的话："完全没想到会发生这样的事！"

　　在2015年9月的关东东北暴雨中，不仅茨城县常总市的鬼怒川泛滥引发了大规模的洪水，在关东地区和东北地区还发生了泥石流灾害。事实上，我分别于2014年9月在常总市鬼怒中学、2015年1月在常总市教育委员会，专门面向学生和教职员工做过关于预防气象灾害的讲座。然而，实际发生灾害后，再次询问参加过这些讲座的人，仍有人说"完全没想到"。

　　物理学家兼散文家寺田寅彦有一句名言："天灾总在人们淡忘时降临。"很多人在亲眼看见气象灾害的现场之前，对于灾害的威胁都没有深刻的感受。即使看到电视中报道的受灾现场，也总觉得那只是存在于电视画面里的事情，是和自身无关的其他人的事。但是，当灾害成为自己的事情以后，可能一切都晚了。

行政机关和非营利组织在全国各处举办关于气象和防灾的讲座，可我从做过的讲座经验中明白了一件事，那就是当人们被动地参加讲座时往往并不在意。印象特别深刻的是，虽然讲座的内容都一样，小学生们会给我热情的回应，而大人的回应极其冷淡。由此可见，对于原本就没有兴趣的人宣传防灾意识，可能一时奏效，但很快就会被忘记。

我本身是一名云彩研究者，研究导致暴雨、暴雪和龙卷风等灾害的云科学原理。通过了解云的实际情况，开发观测技术和提高预测精度的相关研究也逐渐开展起来，目的是获取完善的防灾气象信息。然而，不管防灾信息如何完善，如果不能让人们自发地利用这些信息，都很难达到防灾、减灾的目的，这需要每一个人都把预防气象灾害当成自己的事。

但是，一直紧绷着"防灾"这根神经，也是很疲劳的。疲劳的事情就无法坚持下去，这是人的本性。只有喜欢的东西才能变得很擅长，喜欢的事情才能坚持下去，并且想要推荐给自己在意的人，这也是人的本性。

我写这套《超有趣的云科学》的目的就是希望大家能加深对云和天空的认知，学会看云识天气，并因此获得防范自然灾害的能力。如果你能爱上云并将这份爱意传达开来，就可能守护自己和身边重要的人以及自己不认识的某个人的生命。爱云之路与零灾害的未来息息相关。为了实现这个尚未实现的还只是愿景的愿望，我会继续前行。在被同一片天空联系在一起的世界中，相信我们最终会达成同一个目标。

　　撰写本书时，我们在出版前举办了试读活动，针对本书的内容，广泛征集了意见。我们邀请到 685 名云友参加了试读活动，得到非常多、非常有益的建议。虽然很冒昧，但是我仍在后面的特别致谢中记录了给予我帮助的一部分云友的姓名。

　　特别是我的编辑广濑雄规，坚持不懈地与写作很慢的我进行交流，我在此对广濑雄规编辑表示最深的谢意！

**向广大的云友致以衷心的感谢！
今后也请大家多多关照。**

荒木健太郎

特别致谢

　　我在创作这套书的过程中，得到了广大云友的帮助，在这里写下云友们的姓名，借此机会向诸位好朋友致以最诚挚的感谢，今后也请大家多多关照。

　　广濑雄规、三隅良平、藤吉康志、岛伸一郎、中井专人、池田圭一、绫塚祐二、藤野丈志、中村折尾、佐佐木恭子、片平敦、茂木耕作、齐田季实治、寺川奈津美、贾里罗曼南、桥田俊彦、堀家久靖、隈健一、齐藤和雄、宇野泽达也、穗川果音、真家泉、天气新闻的给予帮助的诸位、松本直记、柏野祐二、猪熊隆之、平松信明、青木丰、长谷乾伸、山本由佳、小松雅人、吉田史织、下平义明、安田岳志、藤原宏章、伊藤纯至、山下克也、儿玉裕二、矢吹裕伯、上野健一、松田益义、缝村崇行、群云、财前祐二、加藤护、村井昭夫、足立透、冈部来、菊池真以、国本未华、二村千津子、岩永哲、森田正光、千种百合子、中山由美、木山秀哉、和田光明、野嵩树、田村弘人、伊藤耕介、高梨香、寺本康彦、平松早苗、高木育生、荒川和子、町田和隆、小泽加奈、酒井清大、关根久子、盐田美奈子、新垣淑也、田地香织、松冈友和、三岛和久、冲野勇树、大泽晶、冈田敏、麻里茂、菅家优介、横手典子、米歇尔、辻优介、梅原章仁、佐藤美和子、杉田彰、诸冈雅美、岩渊志学、津村幸雄、津村京子、斗泽秀俊、的场一峰、大山博之、今泉琉衣子、山下阳介、石塚正纯、山崎秀树、太田佳似、林广树、野岛孝之、井上创介、solanbe、细谷桂介、加藤秀成、古田泰子、礼、铃木康之、多米锦、马场裕美、佐野亚里纱、池边丰、辻村裕纪、井上智史、山内雅志、户塚纱织、御国保良、森本由实子、内藤邦裕、山本升治、宝本正树、船田久美子、前田香织、朱野归子、越智瑞希、板仓龙、白形富子、武田睿司、相泽和世、舛泽惠、冈部真由美、arca、中村僚、向惠美、竹谷理鲤、内山常雄、屿田香奈子、木村爱、穴户由佳、宇田和正、冈村志以、泽田之彦、川端裕人、松尾一郎、冈田三春、岛下尚一、安田由香、小田幸雄、八寻裕司、白户京子、平冈裕理子、由井秀一、森川浩司、新井胜也、江口有、池上荣、折本治美、高桥亨、上园佳奈、松本惠美、佐藤美穗子、木村琢、小谷铁穗、尾林彩乃、中尾克志、福岛万里子、藤若灯、绘留、伊藤聪美、相泽直、浅井孔德、重田绘里奈、丰岛志津子、里绪宽、竹下爱实、前田智宏、长谷部爱、福冈良子、村木祐辅、铃木智惠、池田美树、三浦真由美、本冈成美、岸上风子、小川豪、小幡英文、氏家信宏、高崎万里子、高崎翼、宫杉正则、芽里乘、西冈正三、安藤里须、乐茶 @rakti、下田启司、杉原宽、小越久美、野田裕人、坂本安子、中井未里、青木力、鹿岛田祥太、伊藤苿由、永井秀行、左贯俊一、悬孝子、手塚知代乃、入江文平、前崎久美子、古田五月、佐藤健一、桂东、川濑纪优、中村御幸、眠大叶、大久保知惠、Arim、水谷信夫、砂间隆司、杵岛正洋、杵岛裕树、川本八千代、池田淳、marzipan、大须贺骏、胁泽裕太、松本理子、光魁崎、前川惠美子、本马香、DOPP、田村荣理子、黑须美央、齐藤悦子、吉冈祐子、荒川知子、天阳耕司、@ 山中 3、高桥知宏、本岛英树、奥山进、水越将敏、一桥圭那、高桥八重子、圆香（香人）、井上清人、加纳正俊、小林志穗美、山下惠美子、中川泉、达摩修卡、sasnori、筱崎实里、长尾祐树、佐野奈奈、胜也宽子、胜也龙哉、阿部修一郎、三藏、渡宽子、武林久美、阿部久夫、中川康子、饭田奈奈、日下喜多、森口梨奈、御三本、小柳夏希、松冈史哲、中村望、门林史枝、神田静江、桥本典和、浅野贺生、伊东启一、增永仁、佐藤奈绪子、浅村芳枝、贝原美树、森木和也、冈田惠、菅原光惠、幸基、星有子、村田大希、石坂美代子、石川里樱、有川奈基、佐藤孝子、nibo、结衣系奈、上林飒、宫本直美、下村奈绪、竹上裕子、张天逸、xx 大丈夫 xx、引地庆、小川有纪、田中刚、高森泰人、大矢康裕、古久根敦、佐野荣治、山本惠美、丸山深雪、宫野美佐保、谷口启悟、井土井清佳、内田友子、杉山肇子、小林 .Y、藤本理枝子、田中由起、云好大学生、TFJ43、熊谷直树、阿部一章、荒井玲子、结城摄那、齐藤雅文、山火和也、丰福里惠子、石原由纪子、福原直人、福原佳子、佐武郎、松下真世、红碧、ryon、广濑美幸、林美希、吉川容子、青木朝海、冻、池田里佳子、二塚卫、岛村之彦、松叶佐欣史、高尾裕一、地一、寺内纱织、N-train、@merlomic、藏、和田峻汰、田口大、落合直子、坂本泰之、秋山卓二、前田琉璃、Ai Lewis、秋本绢江、长村真里、石井克典、筱原雅贵、大平由美、野谷美佐绪、牧野嘉晃、榑林宏之、理查德☆、火烈鸟、伊藤未步、白熊、爱好者、法拉利、铃木聪、中村直树、中野博文、佐藤千鹤、绵云、happydancebozu- 快乐舞者♪、bibi、@_piro910、天野淳一、巧克力太郎、都筑茂一、由佳、舛田步、冈田小枝子、渡边恭子、前田一郎、山下波、内藤雅孝、小野寺文子、山本道明、sksat、阿达胜泽、森田秀树、大石真士、松村太郎、川田和歌子、竹之内健介、丰田隆宽、颯纈丈晴、铃木绚子、菊、箭川昭生、北原秀明、成川贵章、谷雅人、村上贤司、坂本玲奈、荒川真人、寒川优子、益山美保、吉田裕美、谷口胜也、长尾久美、浜田浩、竹内惠美、竹内奈奈、竹内里佳、金子晃久、菊地隆贵、南云信宏、荒木惠美、荒木凪、姬路市星子馆、冈山天文博物馆、中谷宇吉郎冰雪科学馆、美国国家航空航天局（NASA）、日本国立研究开发法人信息通信研究机构（NICT）、日本基盘（KIBAN）国际、日本天朗、日本雪冰学会关东·中部·西日本支部、日本气象厅、日本气象厅气象卫星中心、日本气象厅气象研究所

著作权合同登记号：图字：01-2023-3890

图书在版编目（CIP）数据

超有趣的云科学 . ⑤，云朵好好玩／（日）荒木健太
郎著 ；宋乔，杨秀艳译 . —— 北京 ：中国纺织出版社有
限公司，2023.10

ISBN 978-7-5229-0977-6

Ⅰ . ①超… Ⅱ . ①荒… ②宋… ③杨… Ⅲ . ①云—儿
童读物 Ⅳ . ①P426. 5-49

中国国家版本馆 CIP 数据核字（2023）第 167812 号

责任编辑：史倩 林双双 责任校对：高涵 责任印制：储志伟

中国纺织出版社有限公司出版发行

地址：北京市朝阳区百子湾东里 A407 号楼 邮政编码：100124

销售电话：010—67004422 传真：010—87155801

http://www.c-textilep.com

中国纺织出版社天猫旗舰店

官方微博 http://weibo.com/2119887771

北京利丰雅高长城印刷有限公司印刷 各地新华书店经销

2023 年 10 月第 1 版第 1 次印刷

开本：710×1000 1/16 印张：36.5

字数：242 千字 定价：188.00 元（全 5 册）